# 中岛老师的烘焙教室
# 笑脸饼干

〔日〕中岛志保 著　爱整蛋糕滴欢　译

南海出版公司

# 目　录

新经典文化股份有限公司
www.readinglife.com
出 品

关于本书

. 1 大勺 =15 毫升，1 小勺 =5 毫升。

. 请选用中等大小的鸡蛋。

. 使用燃气烤箱时，请把烘烤温度降低 10℃。

. 预热烤箱，设定时间。烤箱品牌、型号不同，温度也存在一些偏差，请以配方中的温度为参考，根据自家烤箱的性能合理调节。

# 前　言

　　我一直梦想着能拥有一台烤箱，上小学时，这个心愿终于实现了。第一次试用新烤箱，我做了一盘饼干。本想做出漂亮的造型，可不知为什么，烤好的饼干全都粘在了一起，变成了一块超级大的饼干！不过味道非常棒，那种油然而生的幸福感至今记忆犹新。

　　时光流逝，后来，为了帮患有食物过敏的家人和体质变弱的自己找一些适合的零食，我在天然食品店寻觅了很久，但是一直没有找到满意的。我想，既然这样，不如自己动手做吧！最初挑战的还是饼干。和小时候做的饼干不同，我把黄油换成了食用植物油。

　　我尽可能选用简单的食材，基本原料包括面粉、砂糖、菜籽油。刚开始摸索时，成品不是太硬，就是太油，总达不到理想状态，失败了不知多少次。我不是素食主义者，非常喜欢用足量黄油做的甜点，原本一直崇尚自然风味，可那段时间却总想用菜籽油做出黄油甜点的味道。经历连连失败后，突然有一天，我发现了问题所在：一心想用菜籽油替代黄油，所以才达不到目标。不能总试图用一种食材完全代替另一种，而是要借助现有的食材做出好味道，能用菜籽油做出美味的饼干就可以了。明白了这一点之后，我做的饼干就慢慢接近想要的状态了。

饼干的魅力就在于，无论身处何时何地，吃起来都很方便，一块饼干就能让身心同时得到满足。在触手可及的地方随时都备有美味的饼干是一种多么惬意的感觉啊！坚果、干果、全麦粉、燕麦……选用营养丰富的原料，每天吃都不会给身体增加负担，就像正餐一样的零食。请把它们当作日常小点心吧，我会非常荣幸的。

中岛志保

## 1

### 用双手搓揉混合是基础

用双手把油脂和粉类原料大致混合均匀，保持松松散散的状态，可以烤出酥脆的口感。用手混合可以充分感受原料的状态，操作时只要记住这种手感，就一定能做出好吃的饼干。

## 2

### 用水量要根据季节调整

操作中偶尔会遇到这样的情况：水的用量明明和配方一样，可总觉得面团黏黏的，或者原料太干、完全无法混合成团。面粉很容易受温度和湿度的影响，干燥的冬天需要增加水的用量，而在潮湿的季节，就要相应减少。

3

4

## 面团不用放入冰箱冷藏

## 一次烤完

按照常见的配方做饼干时，为了使面筋松弛，通常需要把面团放入冰箱冷藏一会儿再整形。用菜籽油做饼干就不需要这一步了，长时间放置反而会使油脂渗出，影响成品的色泽和味道。面团做好后不要放太长时间，想吃的时候现做才能吃到最美味的饼干。

如果饼干没有完全烤透，吃起来就会有种夹生的感觉，而经过低温慢烤，热量能顺利传递到饼干中心，原料的风味也能最大限度地释放出来。饼干出炉后，一定要放在烤盘上冷却，略有余热、接近室温时口感会变得非常酥脆。

＊按照我的配方做饼干优点之一就是清洗工具很简单。

先用刮板将原料混合成团，再用面团把搅拌盆内壁上粘的原料整理到一起。盆壁不会像做黄油饼干时那样油腻，轻轻松松用水一冲就洗干净了。

# Part 1
## 基础饼干

想做的时候很快就能做好，这就是我的饼干。

要做出美味的饼干，最重要的是搓合油脂和粉类原料。

用这种手法做出来的饼干口感特别酥脆。

你可以借助模具整形，也可以直接把面团擀成薄片或搓成小球，

都非常简单。

## 笑脸饼干

### 压模饼干

**1.** 基础

大量全麦粉是我的饼干配方中不可或缺的一项。适当控制甜度，可以突出面粉的天然味道，也许正因为如此才总也吃不腻吧。面团很容易整形，可以借助简单工具在饼干坯上刻出各种表情。

**原料**（8块直径5.5厘米的饼干）

低筋粉　60克

全麦粉　60克

盐　一小撮

菜籽油　2大勺

枫糖浆　2大勺

**0 准备**

在烤盘上铺一张烤纸。烤箱温度设定为170℃，预热。

**1 混合粉类原料**

将粉类原料和盐放入搅拌盆中。

用类似淘米的手法搅拌。
＊把面粉搅散。没有结块，松散的面粉比较容易与油、水混合。

**2 加入油**

加入菜籽油。

量勺中剩余的菜籽油也要用手指刮到搅拌盆中。
＊油是做出好味道的重要原料之一，用量太少不容易混合成团，风味也显得单调。

用手搅拌，使油和粉类原料充分混合。

混合好的油和粉类原料看起来就像鱼肉松。

9

用双手手掌对搓，把原料搓散、搓细。

＊用手快速搓散原料是烤出酥脆口感的秘诀（双手搓10秒左右即可。如果操作还不熟练，可以适当延长时间）。

大致混合均匀（没有明显结块即可）。

❸ 加入枫糖浆

将枫糖浆均匀地倒入搅拌盆中。

用手指把量勺中残留的枫糖浆刮干净。

用类似淘米的手法搅拌。

混合成一团。

用刮板把盆壁上粘着的面团整理到一起。

折叠面团，用掌根轻轻按压一下。

重复动作2～3次。

＊不要用力揉面团，否则成品会变硬，失去酥脆的口感。

粘在手上的原料也要全部混合到面团中。

＊难以整理成团时，可以在手心倒一点枫糖浆混合面团。如果面团变硬，可以加1/2大勺菜籽油。

混合好的面团湿润光滑。

＊面团的软度近似耳垂的手感。

❹ 整形

把面团放在操作台上，用擀面杖横向、纵向交替着擀成厚约8毫米的面片（如果面团总粘擀面杖，可以盖上保鲜膜再擀）。

用直径为5厘米的圆形饼干模压出饼干坯（收集起剩余的边角原料重新擀平、整形）。

把饼干坯摆在烤盘上，留出适当间距，用竹签做出眼睛，用勺子或者叉子柄刻出鼻子和嘴。

做出各种想要的有趣表情。

❺ 烘烤

烤箱预热至170℃，烘烤30分钟，烤到饼干表面微微上色即可。

烤好后立刻从烤箱中取出。

把饼干放在烤盘上冷却。

＊烤盘的余热会使饼干变酥脆，所以不要马上把饼干转移到冷却架上。

香酥黑芝麻条

2. 烤盘饼干

基础

这款饼干看起来很普通，但非常受欢迎。饼干里放了大量黑芝麻，你的手会不自觉地一次又一次伸过去。饼干的宽度和长度可以按照自己的喜好调整，口感也会随之改变，你也许会发现新的美味。

原料 (40 条长 10 厘米、宽 1 厘米的饼干)

低筋粉　80 克

全麦粉　20 克

熟黑芝麻　20 克

黄蔗糖　20 克

盐　一小撮

菜籽油　2 大勺

豆浆（原味）　2 大勺

**0 准备**

· 在烤盘上铺一张烤纸。

· 烤箱温度设定为 170℃，预热。

**1 制作面团**

将粉类原料、熟黑芝麻、黄蔗糖、盐放进搅拌盆中，用类似淘米的手法搅拌，混合均匀。

加入菜籽油，用手指把量勺中残留的菜籽油刮干净。

用手把油脂和粉类原料充分混合成鱼肉松状。

用双手手掌对搓，把原料搓散、搓细。

＊用手快速搓散原料是烤出酥脆口感的秘诀（双手搓 10 秒左右即可。如果操作还不熟练，可以适当延长时间）。

大致混合均匀（没有明显结块即可）。

画圈将豆浆均匀地倒入搅拌盆中，用类似淘米的手法搅拌，混合成团。

折叠面团，使表面变光滑。

＊难以整理成团时，可以加少许豆浆（另计）。

**2 整形**

将面团放在烤纸上，用擀面杖横向、纵向交替着把面团擀成厚 4 毫米的面片（近似 20 厘米的正方形）。

**3 烘烤**

用刮板把面片切成长 10 厘米、宽 1 厘米的条状。烤箱预热至 170℃，烘烤 30 分钟，烤到表面上色即可。

烤好后立刻取出烤盘冷却。饼干不烫手时，按照刮板压出的印痕把饼干条掰开，放在烤盘上彻底冷却。

# 手捏饼干

加入有颗粒感的花生酱带来了丰富的口感。浓郁的坚果香和切成小块的巧克力相得益彰。感觉就像出现在美国电影中的乡村风格的饼干。

原料（16块直径5厘米的饼干）

低筋粉　80克

全麦粉　20克

黄蔗糖　30克

盐　一小撮

花生酱（无糖，颗粒型）　30克

菜籽油　2大勺

水　1½大勺

巧克力　30克

**0 准备**
· 巧克力切成小块。
· 在烤盘上铺一张烤纸。
· 烤箱温度设定为170℃，预热。

**1 制作面团**

将粉类原料、糖、盐放入搅拌盆中，用类似淘米的手法搅拌。

加入花生酱和菜籽油，把量勺中残留的油刮干净，用手搅拌，使油和粉类原料充分混合。

把花生酱搅拌开，与粉类原料混合成鱼肉松状。

用双手手掌把原料搓散、搓细。

*用手快速搓散原料是烤出酥脆口感的秘诀（双手搓10秒左右即可，如果操作还不熟练，可以适当延长时间）。

大致混合均匀后（没有明显结块即可），画圈倒入水，用类似淘米的手法搅拌。

基本混合成团后加入巧克力碎。

折叠面团，使表面变光滑。

*难以整理成团时，可以加少许水（另计）。

**2 整形**

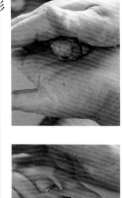

用手将面团分成16份，分别搓成一口大小的球形。

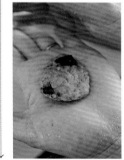

把小球轻轻压扁，留出适当间距，摆在烤盘上。

*这款饼干比较厚，不容易烤透，要尽可能使饼干厚度一致。

**3 烘烤**

烤箱预热至170℃，烘烤25分钟。烤到表面微微上色即可。烤好后立刻取出，将饼干放在烤盘上冷却。

# 方形饼干

基础

4.

椰蓉和黑糖都是热带地区的特产，搭配起来非常和谐，拥有独特的风味，可以很好地互相衬托。饼干中偶尔有一些尚未完全溶化的黑糖粒，吃起来味道更浓郁。

原料 (16 块长 4 厘米、宽 3 厘米的饼干)

低筋粉　80 克

椰蓉　40 克

黑砂糖（粉末型）　20 克

盐　一小撮

菜籽油　2 大勺

水　1½ 大勺

**❶**
**准**
**备**

· 在烤盘上铺一张烤纸。

**❶**
**制**
**作**
**面**
**团**

将低筋粉、椰蓉、黑砂糖、盐放入搅拌盆中，用类似淘米的手法搅拌。

加入菜籽油，将量勺中残留的油刮干净，

用手把油脂和其他原料混合成鱼肉松状。

用双手掌心把原料搓散、搓细。

*用手快速搓散原料是烤出酥脆口感的秘诀（双手搓 10 秒左右即可，如果操作还不熟练，可以适当延长时间）。

大致混合均匀后，原料成蓬松状态（比做其他款饼干时更松散）。

将水画圈倒入搅拌盆中，用类似淘米的手法把原料混合成一团。

折叠面团，使表面变光滑。

*难以整理成团时，可以加少许水（另计）。

**❷**
**整**
**形**

用保鲜膜包好面团，整理成宽 3 厘米、高 4 厘米的长方体，放入冰箱冷冻 30 分钟。这样比较容易切分。

**❸**
**烘**
**烤**

烤箱预热至 170℃。用刀把面团切成厚 8 毫米的片。

*在冷冻室存放时间过长，油脂容易渗出，要注意这一点。

把饼干摆在烤盘上，留出适当间距。烤箱预热至 170℃，烘烤 30 分钟，饼干上色即可。烤好后立刻取出烤盘，冷却。

## 勺子成型饼干

可可橘子酱饼干

5. 基础

可可粉有一种微妙的苦味，和糖渍橙皮、橘子果酱搭配非常美味。喜欢这种微苦味道的应该不只是成年人吧。做这款饼干时，我把烘烤时间缩短了5分钟，成品中心很柔软，口感类似司康。温热时抹上奶油享用味道棒极了，推荐大家试试。

原料 (12 块直径 4 厘米的饼干)

低筋粉　70 克

杏仁粉　20 克

可可粉　10 克

泡打粉　1/3 小勺

黄蔗糖　　10 克

盐　一小撮

菜籽油　2 大勺

橘子酱　2 大勺

**0**
**准备**

· 在烤盘上铺一张烤纸。

· 烤箱温度设定为 170℃，预热。

**1**
**制作面团**

将粉类原料、黄蔗糖、盐放入搅拌盆中，用类似淘米的手法搅拌。

倒入菜籽油，将量勺里残留的油刮干净。

用同样的手法继续搅拌，使油脂和粉类原料充分混合成鱼肉松状。

用双手手掌把原料搓散、搓细。

＊用手快速搓散原料是烤出酥脆口感的秘诀（双手搓 10 秒左右即可，如果操作还不熟练，可以适当延长时间）。

大致混合均匀（没有明显结块即可）。

加入橘子酱。

用橡胶刮刀混合，看不到干粉即可。

＊比其他款饼干面团柔软。

**2**
**整形**

面团混和好后，用勺子整理成一口大小的小团，留出适当间距扣在烤盘上，扣的时候可以用手指辅助。

饼干太厚不容易烤熟，可以用手指蘸少许水把它们稍微按扁一点。

**3**
**烘烤**

将饼干摆在烤盘上，留出适当间距。烤箱预热至 170℃，烘烤 30 分钟，表面上色即可。烤好后立刻取出烤盘，冷却。

**Part 2** 创意饼干

掌握了基础饼干的做法和步骤之后，可以随意发挥自己的创意，
这就是我做的这些饼干的魅力所在。
有的饼干香香脆脆，有的酥酥松松，有的柔和湿润……
下面就为大家介绍一下各种口感的饼干。

## 1 朗姆酒杏仁片法式酥饼

很想尝试一下用酒做的饼干。这款饼
干微微散发着朗姆酒的风味，有一种
新鲜、具有成熟感的味道。

做法→第 26 页

## 2 甘栗黑芝麻勺子
## 成型饼干

栗子的甘甜味道在口中散开，很有日式
和果子的感觉。请搭配浓醇的焙煎茶一
起享用吧。
做法→第 27 页

## 3 豆渣巧克力勺子
## 成型饼干

饼干中加入了含有丰富膳食纤维的豆
渣，稍稍缩短烘烤时间，口感更湿润；
而略微延长烘烤时间，则可享受到酥
松香脆的美味饼干。
做法→第 27 页

## 4 燕麦片饼干

这款饼干中加入了燕麦片，有种童年的
味道。酥酥脆脆的口感非常朴素，无论
何时何地，都能给人一种很安心的感觉。

做法→第 28 页

## 5 葡萄干夹心饼干

饼干中嵌着丰富的葡萄干,混合面团时加
了鸡蛋,成品口感湿润。加些葡萄干,口
感非常实在,真的很好吃。

做法→第 29 页

**6**

# 焙煎茶饼干

口感松脆，吃起来乐趣多多，焙煎茶
的味道慢慢在口中散开。建议大家冷
藏之后品尝。

做法→第 30 页

**7**

# 咖啡核桃球

我想，用菜籽油也许做不出雪球饼
干那种脆脆的口感，但还是决定尝
试一下，于是诞生了这个配方，建
议大家放入冰箱冷藏之后享用。

做法→第 30 页

# 8

# 蜂蜜生姜饼干

这是一款生姜风味的饼干，有一点辛辣。比起隐隐散发的清淡味道，我更喜欢能充分感受到原料浓郁风味的甜点，所以每次做这款饼干都会不由自主地加入好多生姜。

做法→第 31 页

# 1

## 朗姆酒杏仁片法式酥饼

原料（18 块三角形饼干）

低筋粉　80 克

杏仁片（最好是带皮的）　20 克

黄蔗糖　20 克

盐　一小撮

菜籽油　2 大勺

朗姆酒　1 大勺

### 准备

▶ 杏仁片用平底锅小火翻炒，然后用食品料理机或者研磨器磨碎。

▶ 在烤盘上铺一张烤纸。

▶ 烤箱温度设定为 170℃，预热。

### 做法

①将低筋粉、杏仁碎、黄蔗糖、盐放入搅拌盆中，用类似淘米的手法搅拌。加入菜籽油，继续搅拌，然后用双手掌心搓散原料，使原料变成碎屑状→倒入朗姆酒，搅拌均匀。折叠面团，整理成一团。

＊难以混合成团时，可以加少许水（另计）。

②将面团放在烤纸上，用擀面杖把面团横向、纵向交替着擀成厚 4 毫米的面片（长 16 厘米，宽 12 厘米左右）。用刮板横向、纵向分别切成 3 等分，将面片分成等大的 9 小块，然后沿着每一小块的对角线斜着切一下，变成 2 个小的三角形。

③把整张烤纸平移到烤盘上，烤箱预热至 170℃，烘烤 25 分钟。烤好后取出烤盘冷却，晾至饼干不烫手时沿着预先切好的痕迹掰成小块。

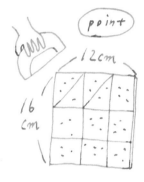

point

12cm

16cm

用刮板

①横向、纵向分别切成 3 份，将面片切成等大的 9 小块。

②再沿着每一小块的对角线斜着切一下。

朗姆酒比较容易买到，我用的是MYERS'S RUM的黑朗姆。香味浓郁，口感醇厚，用来做甜点或者腌制干果都非常好。

## 甘栗黑芝麻勺子成型饼干 2

### 原料（15块直径4厘米的饼干）

低筋粉　100克

泡打粉　1/3小勺

熟黑芝麻　20克

盐　一小撮

菜籽油　2大勺

枫糖浆　3大勺

去皮栗子　50克

要选用去皮的栗仁，一般超市就可以买到。每颗切成4～6小块，拌入饼干糊中。

### 准备

▶小颗栗子仁切成4等份，大颗栗子仁切成6等份（约8毫米长）。

▶在烤盘上铺一张烤纸。

▶烤箱温度设定为170℃，预热。

### 做法

①将粉类原料、黑芝麻、盐放入搅拌盆中，用类似淘米的手法搅拌。加入菜籽油，继续搅拌→用双手手掌把原料搓散、搓细→倒入枫糖浆，用橡胶刮刀轻轻搅拌。基本看不到干粉时加入甘栗，快速轻盈地拌匀。

②混合均匀后用勺子挖成一口大小的小球，扣在烤盘上，留出适当间距。扣的时候可以用手指辅助，然后轻轻按一下饼干表面。

③烤箱预热至170℃，烘烤25分钟。烤好后取出烤盘，冷却。

## 豆渣巧克力勺子成型饼干 3

### 原料（12块直径4厘米的饼干）

低筋粉　50克

泡打粉　1/3小勺

豆渣　50克

黄蔗糖　20克

盐　一小撮

菜籽油　2大勺

豆浆（原味）　2大勺

巧克力　30克

豆渣含有丰富的膳食纤维，能使饼干口感保持湿润，是一种比较常用的原料。请选用非转基因大豆制品。

### 准备

▶巧克力切成小块。

▶在烤盘上铺一张烤纸。

▶烤箱温度设定为170℃，预热。

### 做法

①将粉类原料、豆渣、黄蔗糖、盐放入搅拌盆中，用类似淘米的手法搅拌。加入菜籽油，继续搅拌→用双手手掌把原料搓散、搓细→倒入豆浆，用橡胶刮刀轻快地搅拌。基本看不到干粉时，加入巧克力，快速轻盈地拌匀。

②混合均匀后，用勺子挖成一口大小的小球，扣在烤盘上，留出适当间距。扣的时候可以用手指辅助，然后轻轻按扁一些。

③烤箱预热至170℃，烘烤30分钟。烤好后取出烤盘，冷却。

# 4 燕麦片饼干

燕麦片用食品料理机或者研磨器打碎。处理过的碎片体积相当于原来的1/3～1/2，这样方便与其他原料充分混合。

## 原料 (12块长5厘米的饼干)

燕麦片　70克

低筋粉　30克

甜菜糖　30克

盐　一小撮

菜籽油　2大勺

水　2大勺

葡萄干　20克

核桃、南瓜子等自己喜欢的坚果
　　30克

## 准备

▶ 燕麦片用食品处理机或者研磨器
　加工成小碎片。

▶ 坚果用平底锅炒香，切成小粒。

▶ 在烤盘上铺一张烤纸。

▶ 烤箱温度设定为160℃，预热。

## 做法

① 将燕麦片、低筋粉、甜菜糖、盐放入搅拌盆中，用类似淘米的手法搅拌。加入菜籽油，继续搅拌→用双手手掌把原料搓散、搓细→倒入水，用橡胶刮刀轻轻搅拌。基本看不到干粉时，加入葡萄干和坚果，快速轻盈地拌匀。

＊原料比较散，无法混合成团也没有关系。

② 盛1大勺饼干糊，用手捏成1厘米厚的小块（如果饼干糊比较黏手，可以在手上抹一点油，用量另计）。

③ 把整形完毕的饼干摆在烤盘上，留出适当间距。烤箱预热至160℃，烘烤35分钟，烤好后取出烤盘，冷却。

◎ 用西梅干、无花果干、杏仁等代替葡萄干做出的饼干也很美味。把干果或坚果切成和葡萄干大小差不多的小块即可。

燕麦片是燕麦（莜麦、玉麦）经过熟制、压片制成的。加入甜点中，经过烘烤口感酥脆，非常适合当作早餐主食。

# 5 葡萄干夹心饼干

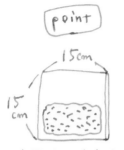

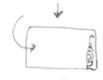

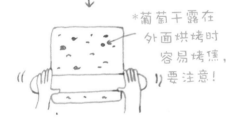

## 原料 (16块长4厘米的饼干)

低筋粉　100克

泡打粉　1/4 小勺

肉桂粉　少许

黄蔗糖　20克

盐　一小撮

菜籽油　2大勺

鸡蛋（中等大小）1个

葡萄干　100克

水　50毫升

## 准备

▶把葡萄干和水倒入小锅中，中火煮至水分蒸发尽，冷却后用厨房用纸拭干表面水分。

▶根据烤盘的尺寸裁剪烤纸。

▶烤箱温度设定为160℃，预热。

## 做法

①将粉类原料、黄蔗糖、盐放入搅拌盆中，用类似淘米的手法搅拌。加入菜籽油，继续搅拌→用双手手掌把原料搓散、搓细→鸡蛋打散，把 1/2 蛋液慢慢倒入盆中，用刮刀轻快地搅拌，混合成一团。

②把面团放在烤纸上，用擀面杖横向、纵向交替着擀成厚7毫米的面片（近似边长15厘米的正方形）。在面片下半部分均匀地铺上葡萄干，然后把上半部分向下对折。重新用擀面杖擀开，与原来大小相当，表面刷上剩余的蛋液。

③把整张烤纸平移到烤盘上，烤箱预热至160℃，烘烤30分钟。烤好后取出烤盘，冷却。晾至不烫手，用刀横、竖各切4刀，切成16等份。

point

15cm

15cm

在面片下半部分铺上葡萄干。

对折。

*葡萄干露在外面烘烤时容易烤焦，要注意！

重新擀开，和原来大小相当。

**6 焙煎茶饼干**

**7 咖啡核桃球**

**原料**（12块边长约3厘米的正方形饼干）

低筋粉　100克

杏仁粉　50克

焙煎茶　1大勺

黄蔗糖　30克

盐　一小撮

菜籽油　40毫升

水　1大勺

装饰用黄蔗糖　适量

粉碎机可以将用量很少的原料或是硬的、用研磨器与食品料理机不容易处理的原料打成细粉，非常方便。

**准备**

▶用粉碎机或研磨器把焙煎茶打碎，备用。

▶在烤盘上铺一张烤纸。

▶烤箱温度设定为170℃，预热。

**做法**

①把粉类原料、焙煎茶、黄蔗糖、盐放入食品料理机，快速搅拌。加入菜籽油，搅拌3秒钟。加水，搅拌2秒钟后把所有原料倒入搅拌

盆。折叠面团，整理成一团。

②把面团擀成厚1厘米（长12厘米，宽9厘米）的面片，用刀横向切成3等份，纵向切成4等份，变成12个边长约3厘米的正方形。

③把切好的饼干摆在烤盘上，留出适当间距。烤箱预热至170℃，烘烤25分钟。烤好后取出烤盘，冷却。把黄蔗糖装入保鲜袋（预先用粉碎机把黄蔗糖打成粉末状），然后放入饼干摇一摇，让饼干表面均匀地裹上黄蔗糖。

◎本页介绍的这两款饼干也可以直接用手完成。（预先将核桃和速溶咖啡放入研磨器中打碎）把干性原料倒入搅拌盆中，用手搅拌均匀。加入菜籽油，继续搅拌→用双手手掌把原料搓成碎屑状→加水搅拌均匀。折叠面团，整理成一团。然后按照两个配方中的第二步整形。＊用手混合原料有些困难，可以酌情加少许水（另计）。

**原料**（30块直径2.5厘米的饼干）

低筋粉　100克

核桃（用平底锅炒香）　50克

速溶咖啡（颗粒型）　1大勺

黄蔗糖　30克

盐　一小撮

菜籽油　40毫升

水　1大勺

装饰用黄蔗糖　适量

**准备**

▶在烤盘上铺一张烤纸。

▶烤箱温度设定为170℃，预热。

**做法**

①把低筋粉、核桃、速溶咖啡、黄蔗糖、盐放入食品料理机打碎。加入菜籽油，搅拌3秒钟。加水，搅拌2秒钟后把所有原料倒入搅拌盆中。折叠面团，整理成一团。

②将面团分成一口大小的小块，搓成直径2.5厘米的球状，留出适当间距，摆在烤盘上。烤箱预热至170℃，烘烤25分钟。之后的做法与焙煎茶饼干相同。

# 8
## 蜂蜜生姜饼干

### 原料（20 块 5 厘米长的人形姜饼）

低筋粉　80 克

全麦粉　20 克

黄蔗糖　30 克

盐　一小撮

菜籽油　2 大勺

蜂蜜　1 大勺

生姜蓉　1 大勺

### 准备

▶混合蜂蜜和生姜蓉。

▶在烤盘上铺一张烤纸。

▶烤箱温度设定为 170℃，预热。

### 做法

①将粉类原料、黄蔗糖、盐放入搅拌盆中，用类似淘米的手法搅拌均匀。加入菜籽油，继续搅拌→用双手手掌把原料搓散、搓细→加入蜂蜜和生姜蓉，混合均匀。折叠面团，整理成一团。

＊难以混合成团时，可以加少许水（另计）。

②用擀面杖将面团横向、纵向交替擀成厚 7 毫米的面片，用饼干模整形。

③把饼干摆在烤盘上，留出适当间距。烤箱预热至 170℃，烘烤 25 分钟。烤好后取出烤盘，冷却。

point

生姜蓉
（连带姜汁）

蜂蜜

面团中不用另外加水，蜂蜜和生姜蓉中的水分就足够了。

用来做甜点的蜂蜜要用甜味甘醇、上色完美的产品。洋槐蜂蜜和莲花蜂蜜没有异味，推荐大家试用。

## 9
# 红茶饼干

散发着香料清新香气的红茶饼干中加入了
磨碎的红茶和豆浆，再现醇厚的奶茶风味。

做法—第 38 页

# 10
# 抹茶螺旋饼干

这款一层层卷成漩涡状的饼干让人一看就觉得可爱。抹茶鲜艳的绿色与面粉经过烘烤的焦黄色搭配，十分赏心悦目。不用特意买做甜点专用的抹茶，用自己喜欢的就可以了，那味道让人感觉心头一亮。

做法→第 39 页

# 英国传统饼干

我在英国下午茶经典甜点的基础上做了一些小改动，
加入菜籽油，烤出了这款饼干。它集中了各种富有
营养的原料，非常适合作为出游时的零食。

做法→第 40 页

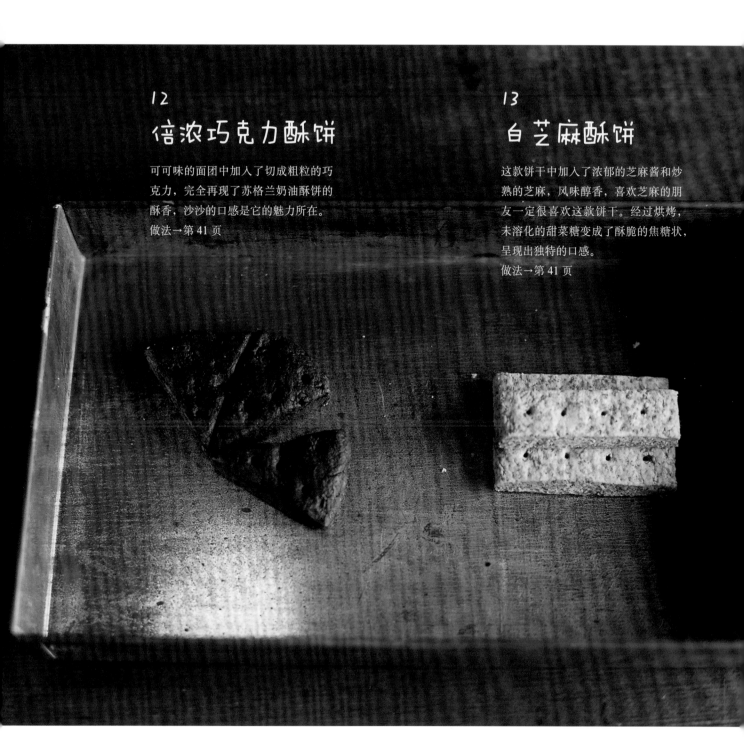

## 12
# 倍浓巧克力酥饼

可可味的面团中加入了切成粗粒的巧克力，完全再现了苏格兰奶油酥饼的酥香，沙沙的口感是它的魅力所在。

做法→第41页

## 13
# 白芝麻酥饼

这款饼干中加入了浓郁的芝麻酱和炒熟的芝麻，风味醇香，喜欢芝麻的朋友一定很喜欢这款饼干。经过烘烤，未溶化的甜菜糖变成了酥脆的焦糖状，呈现出独特的口感。

做法→第41页

# 14

# 豆浆黄豆粉脆饼

这款饼干口感无比松脆，简直是入口
即化。制作时，我在其中加入了适量
黄豆粉，孩子和老人都非常喜欢。

做法→第42页

15

# 香蕉椰蓉勺子成型饼干

我做的饼干大多要充分冷却再吃，但这款饼干是个例外。微微温热时享用，简直太美味了！外层酥脆，内部湿润，你的手会不由自主地伸到盘子里去再拿一块，总是吃不够。

做法→第43页

# 9 红茶饼干

卷好后用手指把
接口处粘牢。

## 原料 (30 块直径 4.5 厘米的饼干)

**【红茶面团】**

低筋粉  80 克

肉桂粉  少许

红茶  1 大勺

黄蔗糖  20 克

盐  一小撮

菜籽油  2 大勺

豆浆（原味）  $1\frac{1}{2}$ 大勺

姜汁  1 小勺

**【原味面团】**

低筋粉  100 克

黄蔗糖  20 克

盐  一小撮

菜籽油  2 大勺

水  2 大勺

## 准备

▶ 将红茶放入研磨器或粉碎机中磨碎（红茶包可以直接拆开使用）。

▶ 在烤盘中铺一张烤纸。

## 做法

① 制作红茶面团。将粉类原料、红茶、黄蔗糖、盐放入搅拌盆中，用类似淘米的手法搅拌均匀。加入菜籽油，继续搅拌→用双手手掌把原料搓散、搓细→倒入豆浆和姜汁，混合均匀。反复折叠面团，整理成一团。原味面团的做法与此相同。

*难以混合成团时，可以加少许豆浆或水（另计）。

② 把红茶面团搓成直径 3 厘米、长 20 厘米的棒状，原味面团用擀面杖擀成长 20 厘米、宽 10 厘米（厚 7 毫米）的面片。将红茶面团放在上面卷起来，接口处用手指压紧。用保鲜膜包好，放入冰箱冷冻约 30 分钟，这样便于切片。

③ 烤箱预热至 170℃。用刀把面团切成 7 毫米厚的圆片，留出适当间距，摆在烤盘上，放入烤箱烘烤 30 分钟。烤好后取出烤盘，冷却。

我用的是东京国立红茶店"叶叶屋"的红茶，用CTC法（Crush Tear Curl，切碎、撕裂、揉卷）加工而成，能够充分释放红茶中的精华成分。

# 10 抹茶螺旋饼干

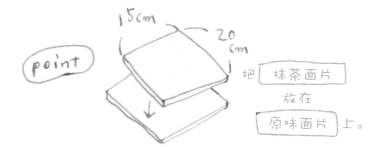

把 抹茶面片 放在 原味面片 上。

卷的时候不要卷入空气。

## 原料 （30 块直径 5 厘米的饼干）

**【原味面团】**

低筋粉　100 克

甜菜糖　20 克

盐　一小撮

菜籽油　2 大勺

水　2 大勺

**【抹茶面团】**

低筋粉　80 克

抹茶　1 大勺

甜菜糖　30 克

盐　一小撮

菜籽油　2 大勺

水　1½ 大勺

## 准备

▶在烤盘上铺一张烤纸。

## 做法

①制作原味面团。将低筋粉、甜菜糖、盐放入搅拌盆中，用类似淘米的手法搅拌均匀。加入菜籽油，继续搅拌→用双手手掌把原料搓散、搓细→倒入水，混合均匀。反复折叠面团，整理成一团。用同样的手法制作抹茶面团。

＊难以混合成团时，可以加少许水。（另计）。

②用擀面杖将两种面团分别擀成 5 毫米厚（长 20 厘米、宽 15 厘米）的面片，把抹茶面片叠放在原味面片上，从靠近自己的一侧开始卷起。卷好的饼干坯用保鲜膜包起来，放入冰箱冷冻约 30 分钟，以便于切片。

③烤箱预热至 170℃。用刀把饼干坯切成 7 毫米厚的圆片，留出适当间距摆在烤盘上。烤箱预热至 170℃，烘烤 30 分钟左右。烤好后取烤盘，冷却。

我用的是京都一保堂茶店的抹茶。这款抹茶不是烘焙专用的，所以经过烘烤颜色没有那么明艳。用冲饮风味清香雅致的抹茶做甜点会格外美味。

# 11 英国传统饼干

原料（适用边长 15 厘米的正方形模具）

燕麦片　80 克

全麦粉　20 克

熟白芝麻　20 克

盐　两小撮

黄蔗糖　30 克

菜籽油　50 毫升

蜂蜜　1 大勺

姜汁　1/2 小勺

## 准备

▶ 把燕麦片放入食品料理机或研磨器中处理成原来的 1/3 或 1/2 大。

▶ 在模具中垫上烤纸。

▶ 烤箱温度设定为 170℃，预热。

## 做法

①将燕麦片、全麦粉、熟白芝麻、盐放入搅拌盆中，快速混合。

②小锅中放入黄蔗糖、菜籽油、蜂蜜，中火加热。晃一晃锅体，使蜂蜜溶化（用木勺搅拌容易使砂糖结晶，这一点请注意）。煮至锅底开始冒小气泡时把糖浆倒入①中，加入姜汁，用橡胶刮刀充分搅拌。把饼干糊倒入模具中，借助刮刀抹平表面、压实。

③将模具放在烤盘上，烤箱预热至 170℃，烘烤约 40 分钟。烤好后取出模具。冷却至饼干坯温热时脱模，用刀切成大小合适的块。

◎可以用椰蓉代替白芝麻，成品也很好吃。

晃动锅体，让蜂蜜溶化，煮到锅底开始咕嘟咕嘟冒小气泡。

倒入搅拌盆中。

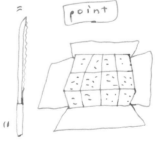

饼干坯完全冷却后不太容易切分，要在温热时切好。

原料 (8块8厘米长的饼干)

低筋粉　80克

可可粉　20克

黄蔗糖　30克

盐　一小撮

菜籽油　40毫升

水　1大勺

巧克力（切成小块）　30克

准备

▶根据烤盘的尺寸裁剪烤纸。

▶烤箱温度设定为160℃，预热。

做法

①将粉类原料、黄蔗糖、盐放入搅拌盆中，用类似淘米的手法搅拌均匀。加入菜籽油，继续搅拌→用双手手掌把原料搓散、搓细→倒入水，

混合均匀。反复折叠面团，整理成一团，撒入巧克力，大致拌匀。

②把面团放在烤纸上，用手按压成厚1厘米、直径约16厘米的圆饼状，再用刮板将圆饼均分成8等份，在表面均匀地扎出气孔。

③把整张烤纸移到烤盘上，烤箱预热至160℃，烘烤约45分钟。烤好后取出，冷却至饼干温热时，顺着刮板的印记用刀切开。

厚1厘米
直径16厘米

Point

用手把面团按压成
圆饼状。

用刮板切成8等份，然
后用竹签扎出气孔。

倍浓巧克力酥饼 12

---

原料 (12块长8厘米、宽2.5厘米的饼干)

低筋粉　80克

全麦粉　20克

熟白芝麻（大致磨碎）　1大勺

甜菜糖　30克

盐　一小撮

白芝麻酱　2大勺

菜籽油　1½大勺

水　2大勺

准备

▶在烤盘上铺一张烤纸。

▶烤箱温度设定为160℃，预热。

做法

①将粉类原料、熟白芝麻、甜菜糖、盐放入搅拌盆中，用类似淘米的手法搅拌均匀。加入白芝麻酱和菜籽油，继续搅拌→用双手手掌把原料

搓散、搓细→倒入水，混合均匀。反复折叠面团，整理成一团。

②用擀面杖将面团擀成厚1厘米的面片（近似边长约15厘米的正方形），用刀横向一切为二，然后纵向切成6等份，用牙签在表面均匀地扎出气孔。

③把饼干摆在烤盘上，留出适当间距。烤箱预热至160℃，烘烤约40分钟，烤好后取出烤盘，冷却。

白芝麻酥饼 13

# 14

## 豆浆黄豆粉脆饼

### 原料 (30 块 4 厘米长的饼干)

黄豆粉　60 克

低筋粉　40 克

黄蔗糖　30 克

盐　一小撮

菜籽油　3 大勺

豆浆（原味）　2 大勺

### 准备

▶在烤盘上铺一张烤纸。

▶烤箱温度设定为 170℃，预热。

### 做法

①将黄豆粉、低筋粉、黄蔗糖、盐放入搅拌盆中，用类似淘米的手法搅拌均匀。加入菜籽油，继续搅拌→用双手手掌把原料搓散、搓细→倒入豆浆，混合。折叠面团，整理成一团。

＊难以混合成团时，可以加少许豆浆（另计）。

②把面团擀成 4 厘米厚的面片，用饼干模整形。

③把饼干摆在烤盘上，留出适当间距。烤箱预热至 170℃，烘烤约 25 分钟，烤好后放在烤盘上冷却。

这些饼干模平时并不常用，在聚会或装饰蛋糕时偶尔用一下。比起复杂的花样，我更喜欢简洁的造型。

黄豆粉要选以非转基因大豆为原料的产品。我用的是日本产有机大豆加工的黄豆粉，香味浓郁。除了饼干，我还经常用黄豆粉做戚风蛋糕。

# 15

## 香蕉椰蓉勺子成型饼干

原料 (15块直径4厘米的饼干)

低筋粉　50克

泡打粉　1/3 小勺

椰蓉　50克

黄蔗糖　20克

盐　一小撮

菜籽油　2 大勺

水　1½ 大勺

香蕉　1/2 根 (净重50克)

### 准备

▶香蕉去皮，切成边长7毫米的
　小方块。

▶在烤盘上铺一张烤纸。

▶烤箱温度设定为170℃，预热。

### 做法

①将粉类原料、椰蓉、黄蔗糖、盐
放入搅拌盆中，用类似淘米的手法
搅拌。加入菜籽油，继续搅拌→然
后双手手掌把原料搓散、搓细→倒
入水，用橡胶刮刀轻轻搅拌。基本
看不到干粉时加入香蕉块，轻盈快
速地拌匀。

②饼干糊混合好后用勺子挖成一口
大小的小球，摆在烤盘上，留出适
当间距，手指蘸水，轻轻在表面按
压一下。

③烤箱预热至170℃，烘烤25分
钟。烤好后取出，放在烤盘上冷却。

◎香蕉中的水分比较多，这款饼干
不能像其他饼干那样长时间保存。
成品口感很像蛋糕，要尽快吃完。

选用外皮上有小黑点、完
全成熟的香蕉。

↓

7毫米

切成边长7毫米的
小方块。

我很喜欢椰蓉的独
特口感和风味，做
甜点时经常用到。
也可以用椰丝代替，
使用前先切碎。

# 16

# 胡萝卜棒

从甜点中摄取蔬菜的营养，这个设想对我来说
很有挑战性。用蔬菜代替部分原料，做出的成
品非常好吃！你也能轻轻松松做出这样美味的
蔬菜饼干。

做法→第50页

17

# 月饼

这款月饼与甜点店里卖的不太一样，你可以加入喜欢的干果和坚果，适当控制甜味。做出自己想要的味道是家庭烘焙的最大乐趣。用它做伴手礼，收到的朋友一定会非常开心吧!

做法→第 51 页

18

# 太妃核桃挞

对于喜欢坚果的朋友而言，这款挞绝对是让人欲罢不能的美味。挞馅是足量的核桃仁混合太妃糖做成的，外形非常惹人喜欢，作为礼物一定很受欢迎。

做法→第 52 页

## 19
# 柠檬罂粟籽饼干

这款饼干酥香松脆，而且能从中感觉到罂粟籽<sup>①</sup>特别的口感和柠檬飘逸的清香。在饼干表面淋上糖霜，会更加美味爽口。

做法→第 53 页

———————
①在欧美，罂粟籽及其制品作为食品已有百年历史，主要用于制作面包、汉堡、酱料等。在中国，为避免出现安全问题，卫生部等政府部门要求罂粟籽仅可用于榨取食用油脂，不得在市场上销售或用于加工其他调味品。大家可以用紫苏籽、白芝麻代替。

**20**

# 蓝莓油酥夹心饼干

这是一款口感湿润的软饼干，吃起来感觉既像饼干，又像蛋糕。蓝莓果汁已经渗入了油酥粒中。

做法→第 54 页

## 21
# 俄罗斯饼干

在比较传统的甜点店里，不时会看到这款惹人喜
欢的可爱饼干。口感柔软的饼干搭配略带酸味的
果酱十分和谐。

做法→第 55 页

# 16 胡萝卜棒

## 原料 （60 根长 4 厘米、宽 1 厘米的饼干）

低筋粉　50 克

全麦粉　50 克

黄蔗糖　20 克

盐　一小撮

菜籽油　2 大勺

胡萝卜蓉　50 克（约 1/2 根）

## 准备

▶用陶瓷捣蓉器制作胡萝卜蓉。

▶根据烤盘的尺寸裁剪烤纸。

▶烤箱温度设定为 170℃，预热。

## 做法

①将粉类原料、黄蔗糖、盐放入搅拌盆中，用类似淘米的手法搅拌均匀。放入菜籽油，继续搅拌→用双手手掌把原料搓散、搓细→加入胡萝卜蓉和胡萝卜汁，混合均匀。反复折叠面团，整理成一团。

\*难以混合成团时，可以加少许豆浆（另计）。

②将面团放在烤纸上，擀成厚 4 毫米的面片（近似边长约 15 厘米的正方形），用刮板切成长 4 厘米、宽 1 厘米的小格，均匀地扎出气孔。

③把整张烤纸平移到烤盘上，烤箱预热到 170℃，烘烤 30 分钟。烤好后放在烤盘上冷却，晾至饼干温热时，沿着刮板的切痕掰成小块。

point

尽量多擦出一些胡萝卜汁。

用陶瓷捣蓉器把胡萝卜磨成细细的蓉。

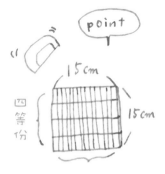

point

15cm

15cm

四等份

用刮板切成宽 1 厘米的小格。

# 17 月饼

直径12厘米

point

*月饼皮延展性不强，不要用力拉扯。

放入搓成球状的月饼馅，像包包子一样包好。

轻轻压成扁圆形。

## 原料 (6个直径6厘米的月饼)

低筋粉　100克

泡打粉　1/4小勺

黄蔗糖　20克

盐　一小撮

菜籽油　2大勺

鸡蛋（中等大小）　1个

### 【月饼馅】

豆馅（粗豆馅、豆沙都可以）　150克

黑芝麻酱　1小勺

西梅（无核，切成小块）　2颗

核桃（切成粗粒）　1大勺

松子　1小勺

枸杞子　1小勺

## 准备

▶ 在烤盘上铺一张烤纸。

▶ 烤箱温度设定为170℃，预热。

## 做法

①准备月饼馅。在豆馅中加入黑芝麻酱，用橡胶刮刀搅拌，放入其他做月饼馅要用的原料，搅拌均匀，分成6等份，搓圆备用。

②将粉类原料、黄蔗糖、盐放入搅拌盆中，用类似淘米的手法搅拌均匀。放入菜籽油，继续搅拌→用双手手掌把原料搓散、搓细→鸡蛋打散，取1/2的蛋液一点一点加入，用橡胶刮刀快速搅拌，混合成团。

* 比制作其他饼干的面团要软一些。

③将面团分成6等份，搓圆。取一小块用擀面杖擀成直径12厘米的圆形饼皮，把做好的月饼馅放在饼皮中央，包起来，封口处用手压紧，再轻轻按扁即可。

* 如果面团太软易粘，可以把保鲜膜盖在面团上擀。面团比较容易碎裂，不要用力拉扯。

④把月饼封口向下摆在烤盘上，表面刷适量剩余的蛋液。烤箱预热至170℃，烘烤25分钟。取出后放在烤盘上冷却。

豆馅选用的是以北海道特别栽培的红豆和砂糖为原料加工而成的"山清"粗豆馅，口味上乘。黑芝麻酱选用了无糖型的。

松子和枸杞子在烘焙原料店或超市都能买到。用不完的松子可以用来做意式青酱或者做沙拉中的点缀，枸杞子可以用来煲汤。

# 18
# 太妃核桃挞

## 原料（适用直径15厘米的挞盘）

**【挞皮】**

低筋粉　100克

全麦粉　50克

甜菜糖　40克

盐　一小撮

菜籽油　3大勺

水　2～2$\frac{1}{2}$大勺

**【挞馅】**

核桃仁　100克

甜菜糖　60克

蜂蜜　2大勺

菜籽油　1大勺

水　1大勺

## 准备

▶核桃仁用平底锅小火炒香，切成粗粒。

▶在挞盘中薄薄地刷一层菜籽油（另计）。

▶烤箱温度设定为170℃，预热。

## 做法

①准备挞馅。把除核桃仁以外的原料倒入平底锅中中火加热。晃动锅身使糖全部溶化，出现大气泡后加入核桃仁，搅拌均匀。关火，把挞馅倒入盘子中冷却一下。

②制作挞皮。将粉类原料、甜菜糖、盐放入搅拌盆中，用类似淘米的手法搅拌均匀。加入菜籽油，继续搅拌→用双手手掌将原料搓散、搓细→加水搅拌。折叠面团，整理成一团。

③取2/3的面团放在保鲜膜上，用擀面杖擀成比挞盘大一圈的挞皮。借助保鲜膜把挞皮盖在挞盘中，使挞皮与挞盘的底面和侧面贴合紧密。揭去保鲜膜，用手去掉多余的挞皮，在底部扎出气孔。

④将①倒入③中，用擀面杖把剩余的面团擀成一块比挞盘略大的挞皮，盖在表面，边缘处与铺在下面的挞皮粘紧，去掉多余部分。用刮板在表面压几道印痕，便于烤好之后切分，然后用竹签在四周均匀地扎出气孔。

\* 边缘要充分粘合好，否则挞馅会在烘烤过程中溢出，一定要注意。

⑤把挞盘放在烤盘上，放入预热至170℃的烤箱，烘烤40分钟。烤好后取出挞盘，充分冷却脱模，按照烤之前压出的印痕切开。

连同保鲜膜一起提起来，把挞皮盖在挞盘中。

把挞皮平铺在挞盘中。

去掉多余部分。

[挞馅的做法]

1 将甜菜糖、蜂蜜、菜籽油、水倒入平底锅中，中火加热，晃动锅身，使糖全部溶化，煮至锅底冒出大气泡。

2 加入切碎的核桃仁（共煮约2分钟），用木铲搅拌。

3 边中火加热，边搅拌约10秒钟，糖浆变少、变稠就可以关火了。把挞馅倒入盘中稍稍冷却一下。

# 19 柠檬罂粟籽饼干

原料（12块直径4.5厘米的菊花形饼干）

低筋粉 80克

杏仁粉 20克

甜菜糖 20克

柠檬皮碎 需要1/2个柠檬

罂粟籽 1小勺

盐 一小撮

菜籽油 2大勺

水 2大勺

【糖霜】

和三盆糖 3大勺*

柠檬汁 $1^{1}/2$ 小勺

*日本四国地区特产，以传统制糖法加工而成，甜味柔和、质地细腻。如果买不到和三盆糖，可以用糖粉代替。

## 准备

▶在烤盘上铺一张烤纸。

▶烤箱温度设定为170℃，预热。

## 做法

①将粉类原料、甜菜糖、柠檬皮碎、罂粟籽、盐放入搅拌盆中，用类似淘米的手法搅拌均匀。加入菜籽油，继续搅拌→用双手手掌把原料搓散、搓细→加水搅拌。折叠面团，整理成一团。

＊难以混合成团时，可以加少许豆浆（另计）。

②用擀面杖把面团擀成4毫米厚的面片，用菊花形饼干模整形，在表面扎出气孔。

③把饼干摆在烤盘上，留出适当间距。烤箱预热至170℃，烘烤25分钟，取出后放在烤盘上完全冷却，根据个人喜好把用和三盆糖和柠檬汁做成的糖霜淋在表面即可。

◎我很少使用精制加工的砂糖，常用和三盆糖代替糖粉，和三盆糖呈浅茶色，甜味柔和纯净，做出的糖霜非常爽口。

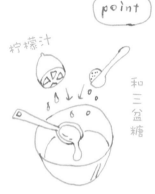

point

柠檬汁

和三盆糖

做糖霜时，要充分混合原料，这样才能做出柔滑的糖霜。

罂粟籽。适合用来做柑橘风味的甜点，想要得到特别的口感时经常用到。

# 20

## 蓝莓油酥夹心饼干

### 原料 （适用边长15厘米的正方形模具）

低筋粉　150克

杏仁粉　50克

肉桂粉　少许

黄蔗糖　20克

盐　一小撮

菜籽油　50毫升

枫糖浆　2大勺

蓝莓（冷冻）　100克

### 准备

▶在模具中铺上烤纸。

▶烤箱温度设定为170℃，预热。

### 做法

①将粉类原料、黄蔗糖、盐放入搅拌盆中，用类似淘米的手法搅拌均匀。放入菜籽油，继续搅拌→用双手手掌把原料搓散、搓细→加入枫糖浆，快速混合成团。

②把1/2的面团捏成碎颗粒状，铺在模具底部，用手指压实。撒入冷冻的蓝莓，剩余的面团同样用手捏碎，盖在蓝莓表面，轻轻压实。

③烤箱预热至170℃，放入模具，烘烤45～50分钟。取出后放在烤盘上冷却，晾至饼干坯温热时脱模，用刀切成方便食用的小块。

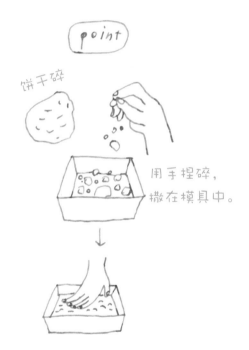

point

饼干碎

用手捏碎，
撒在模具中。

用手指轻轻压实，
使饼干碎和蓝莓贴
合紧密。

# 21
# 俄罗斯饼干

## 原料 (20块直径4厘米的饼干)

低筋粉　80克

杏仁粉　20克

盐　一小撮

蛋黄　1只

枫糖浆　50毫升

菜籽油　2大勺

草莓酱或其他果酱　适量

## 准备

▶在烤盘上铺一张烤纸。

▶烤箱温度设定为170℃，预热。

## 做法

①将蛋黄、枫糖浆、菜籽油放入搅拌盆中，用打蛋器将蛋黄打散（不用打发）。混和粉类原料和盐，筛入蛋黄液中，用橡胶刮刀搅拌至没有干粉，搅拌时动作要轻快。

②在裱花袋上装一个直径1厘米的星形裱花嘴，盛入饼干糊，在烤纸上挤成直径4厘米的圆形饼干（中间留出直径约1厘米的小孔），饼干之间留出适当间距。

③烤箱预热至170℃，烘烤20分钟。取出后放在烤盘上冷却。在饼干中心位置挤上自己喜欢的果酱即可。

point

中间留一个直径约1厘米的小孔。

在裱花袋上装一个星形裱花嘴，造型。

也可以用买淡奶油时附赠的裱花嘴。

←直径4厘米→

饼干完全冷却后在中心挤上果酱。

# 关于原料

面粉、油和砂糖，
我做的饼干用到的原料非常质朴、简单。
希望大家能找到自己喜欢的原料，这样做出的饼干更美味。
不必全部用有机食材，
没有什么是必须要用、不能改变的，
如果这本书能给大家一些启发，帮助你找到自己喜欢的味道，
提供有用的参考，我就非常开心了。

## 砂糖

选择精制程度比较低的糖类，热量可以逐渐释放，被身体慢慢吸收。黄蔗糖能够让人充分感受到甘蔗的柔和风味，可以搭配不同的食材，适用于各种甜点。甜菜糖是从甜菜的根茎中提取、精炼而成的，甜味纯净爽口。黑糖风味醇厚浓郁，可以慢慢感受其悠长的甜味。利用这种特质，我常用黑糖来搭配巧克力和其他可可味甜点、干果等。

## 油

本书中的甜点都是用菜籽油做的。与选择风味纯正的黄油一样，一定要选用美味的菜籽油。我用的是会津·平出油屋的产品。菜籽油是用日本产的菜籽经过复杂工序提炼出来的，风味浓郁。另外，鹿北制油出产的"菜籽色拉田"是用澳大利亚产的非转基因菜籽提炼而成的，清爽，没有异味，适合做各种甜点和料理，推荐新手使用。

## 面粉

我用的低筋粉是北海道江别制粉的特制烘焙专用低筋粉，不用担心农药残留问题，可以放心使用。想突出面粉的风味时，我会添加一些北海道产的低筋全麦粉。杏仁粉用的是没有添加淀粉的产品，石磨低温低速加工而成，很好地保留了杏仁的风味，少加一点，就能充分表现出原料的自然美味。

# 坚果

请选择无油无盐、未漂白的有机栽培坚果。使用前先用平底锅小火翻炒或用烤箱120℃低温烘烤10分钟，这样可以充分释放坚果的风味。

# 干果

要选择未经漂白的干果。干果甜度高，所以砂糖的用量要适当减少一些。制作风味质朴的饼干时，它可是不可或缺的原料之一。

# 巧克力

我通常会选择不含乳制品的巧克力。经过公平贸易认证[①]的有机黑巧克力（图左上）只以可可和砂糖为原料，完全不含食品添加剂，花费大量时间手工精心制作而成。牛奶巧克力推荐选用法国cuoca品牌的产品。

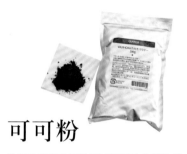

# 可可粉

法国法芙娜公司的可可粉风味非常浓郁，烘烤过后上色完美，我很喜欢。可可粉放置时间太长味道会变酸，拆封后请尽快用完。

# 盐

我用的是天然盐。日本很多朋友喜欢用盐作为伴手礼，用收到的礼品盐做甜点是个不错的主意。混合面团适合用细颗粒盐，如果想在饼干表面撒些盐粒做点缀、提升风味，最好选择粗粒盐。

# 豆浆

推荐选用以非转基因大豆为原料加工而成的原味豆浆。用豆浆代替水可以使饼干风味更浓郁，口感更酥脆。不同品牌的豆浆浓度不同，请选择自己喜欢的类型。

# 花生酱

我用的是无糖的颗粒型花生酱，保留了部分花生颗粒。它不仅可以用来做甜点，还可以做拌菜或佐餐酱料，使菜肴风味更加浓郁，是一种重要原料。如果选用含糖的花生酱，配方中糖的用量就要适当减少一些。

# 枫糖浆

我很喜欢枫糖浆独特的风味和浓郁的香气，做甜点时加一点，成品更美味。虽然价格比较贵，但总是忍不住要用。产自加拿大的CITADELLE牌的枫糖浆风味香醇，我非常喜欢。

---

①Fair Trade，一种产品认证体系，其设计的目的是为了让人们辨别某一产品是否符合下列标准：环保、劳动人权以及第三世界的发展利益。

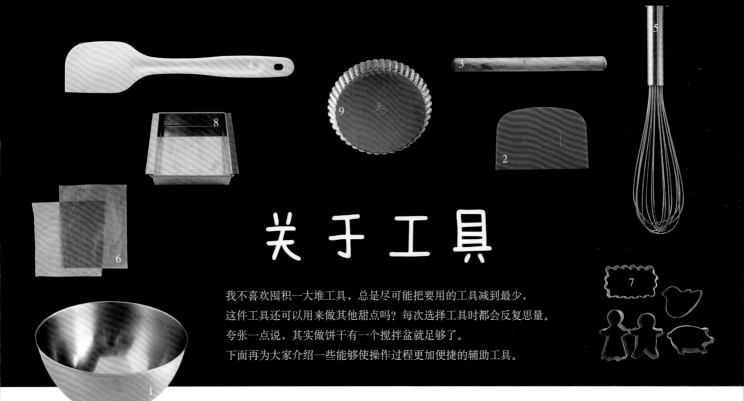

# 关于工具

我不喜欢囤积一大堆工具，总是尽可能把要用的工具减到最少，
这件工具还可以用来做其他甜点吗？每次选择工具时都会反复思量。
夸张一点说，其实做饼干有一个搅拌盆就足够了。
下面再为大家介绍一些能够使操作过程更加便捷的辅助工具。

## 1. 搅拌盆

我用的是柳宗理设计的产品。可以的话，我也希望只用一个小巧的搅拌盆就能快速把饼干做好，但如果没有足够两只手操作的充足空间，很难做出完美的面团。选用直径约23厘米的大号搅拌盆是成功的要点之一。

## 2. 刮板

混合比较软的面团时可以借助刮板，能把搅拌盆壁上粘的原料刮得很干净，方便清洗。另外，刮板还可以用来在饼干坯上预先切出印痕，方便之后切分……准备一块刮板会方便许多。

## 3. 擀面杖

除了擀面团，我还常用它碾碎芝麻……它是擀制饼干坯、粉碎一些原料的常用工具。请选择握在手里大小、长短都合适的擀面杖。

## 4. 橡胶刮刀

含水量较高的面团无须反复折叠揉面，可以用橡胶刮刀整理成团。粘在搅拌盆内壁上的原料也能用刮刀轻松刮下来，和刮板一样方便。准备一把耐热性好的橡胶刮刀，需要边加热原料边搅拌时非常方便。

## 5. 打蛋器

准备一只使用方便的打蛋器就足够了。打发蛋白时，用电动打蛋机比较方便。我用的是Cuisinart品牌的电动打蛋机。

## 6. 烤纸

把面团放在烤纸上擀成薄片，然后直接送入烤箱烘烤，用这个方法可以做出很多种饼干。烤纸有普通纸质的，也有可以反复使用的，普通纸质的产品我也经常反复使用。

## 7. 饼干模

我比较衷爱那些用手整形的、看起来随意自然的饼干，家里也只有为数不多的几种饼干模。我特别喜欢用叉子、竹签刻出各种表情的外形简单的饼干。

## 8. 正方形模具

我常用的是边长15厘米的正方形模具，有固底和活底两种。你也可以用制作寒天（也称琼脂，可以用来做果冻、慕斯等）和鸡蛋豆腐的专用模具代替活底模具。选用固底模具时，先在里面垫一层烤纸用起来更方便。

## 9. 挞盘

我用的是法国Matfer公司出品的直径15厘米的挞盘。用它烤出的成品花边造型完美，让我爱不释手。

# 用食品料理机做面团

本书中介绍的饼干大多可以用食品料理机完成。
借助食品料理机，很快就能混合好面团，非常简单。
建议大家刚开始尝试时最好还是用双手操作，熟悉面团的手感之后，再试着用食品料理机制作。

*point*

制作各种饼干面团时都可以借助食品料理机混合油脂和粉类原料。用食品料理机搅拌时间过长，原料温度会升高，容易形成面筋，所以最后要换用搅拌盆操作。原料无法混合成团时，可以适当加少许水。另外，做英式燕麦饼、俄罗斯饼干、蛋白酥、蛋白小酥饼、松饼、意式脆饼的面团不能用食品料理机混合。

*图片所示是制作笑脸饼干的过程（第8页）。

**1**

将粉类原料和盐倒入食品料理机，低速混合。
*配方中如果含砂糖，请在此时放入。

**2**

画圈倒入菜籽油，用手指把留在量勺里的油刮干净，间歇性地按下启动开关，搅拌5～6秒，粉类原料和油混合成小颗粒状即可。

**3**

画圈倒入枫糖浆（或水）。
*借助食品料理机可以使油和粉类原料充分混合，所以液体原料要比配方标注的用量少，不要一下全部加入，要分次添加。

**4**

间歇性地按下启动开关，搅拌5～6秒，原料变成松散的粗颗粒状即可。

**5**

用手将料理机内壁粘的原料刮干净，全部倒入搅拌盆中。

**6**

折叠面团，整理成一团（面团非常湿润，很容易操作）。

# 用平底锅做饼干

如果没有烤箱，
用平底锅也能做饼干。
想要快速做出少量饼干时，这或许是个可行的便利方法。
饼干要做得略薄一些，
烘烤时要用小火，慢慢将两面烤熟，注意不要烤焦。

**1**
请选用有氟素树脂涂层的平底锅，锅里铺一张烤纸，把切成小块的饼干放在烤纸上，留出一定间距，小火煎烤。

**2**
煎烤7～8分钟，饼干底面变色后用叉子翻面。

**3**
继续用小火煎烤7～8分钟，用手指按一按饼干中间部位，饼干变硬、中心烤透即可。

**4**
放在平底锅中彻底冷却。

## *point*

用手指按一下饼干中心部位，饼干变硬就表示烤好了。如果还比较软，可以根据具体情况多烤一会儿。注意，要用小火慢烤。火太大的话，往往中间还没烤透表面就已经烤焦了。饼干中心熟得慢，要尽可能做得薄厚一致。烘烤时间请根据饼干的厚度调节。用勺子整形的饼干比较厚，煎烤难度要大一些。

\* 图片所示是黑糖椰蓉饼干（第16页）。

# 包装方法

饼干的保存期相对较长，而且比较容易携带。

想把亲手做的甜点作为礼物分赠给大家，饼干可以说是最佳选择。

那种简单质朴的感觉不会让对方觉得收礼物有负担，这也是饼干的优点之一。

我不善于把包装做得特别精致讲究，也觉得包得太夸张有点不好意思，

所以总是选择简单的包装。

## 朋友送的果酱留下的空瓶

用这种带有复古感的可爱玻璃瓶装饼干，无须再做任何装饰。可以把棒状酥饼，满满地装在里面。

## 装巧克力的空盒子

这个绘有雏菊图案的盒子是维也纳一家甜点店 "Derume" 装巧克力的包装盒。把俄罗斯饼干放在里面，看起来就像宝石盒。

## 用油纸包装

把咖啡核桃球装入透明塑料袋中，再用油纸包起来，封口处用麻绳系一个蝴蝶结。饼干就像排着整齐的队伍，可爱极了。

## 用家里的木盒做成饼干礼盒

在旧的木盒里垫上油纸，摆上各种花式的饼干。收到这样的饼干礼盒时，我最开心了，因为又收到漂亮的木盒了。

## 从杂货店淘来的玻璃容器

把透明玻璃容器叠放在一起，可以装两种饼干。像绑行李一样用麻绳绑个十字结。包装蛋白酥或蛋白小酥饼等易碎的饼干时，推荐选择这类容器。

## 油纸袋

把用勺子整形做的小饼干装进油纸袋，再用麻绳捆一下就包好了。这样的包装最常用，在上面装饰一支干花会显得非常别致。

### 用透明塑料袋包装

把用模具造型的饼干装进长塑料袋中，借助封口机一个一个分封好。在袋子上部用打孔工具打个小孔，穿上麻绳，打个结就完成了，感觉很像小时候在粗点心店①买的点心。分封好的饼干连在一起，样子很可爱，送给小朋友，他们也一定会很开心。

①江户时代，用普通百姓吃的杂粮和糖稀做的点心称为粗点心，出售这种点心的店就是粗点心店。粗点心种类丰富、价格便宜，还附带抽奖券等，深受孩子们的欢迎。黄豆粉糖、话梅、酱油仙贝、弹珠汽水与麸皮点心等是最常见的粗点心。

# 保存期

"饼干可以保存多长时间呢"，经常有朋友这样问。我自己也做过实验，完全烤透、水分蒸发殆尽的饼干在密封条件下几乎不会发霉。但是放置时间过长，风味会一点点散去，最好还是尽快吃完。

◎保存方法
饼干最怕受潮，要加适量干燥剂（硅胶），装入透明塑料袋或带盖的容器中密封保存。

◎保存期限
未开封的饼干可以用上文介绍的方法保存，已经开封的饼干无论哪一种，最好都尽快吃完。
•豆渣巧克力饼干、香蕉椰丝饼干、月饼、蓝莓油酥夹心饼干等口

感湿润的饼干：
天气比较凉快时可保存1～2天（夏季放入冰箱冷藏保存）。豆渣巧克力饼干延长烘烤时间（35～40分钟），烤至口感酥脆可以保存1周左右。
•葡萄干夹心饼干、俄罗斯饼干：2～3天。
•添加了巧克力的饼干、焙煎茶饼干、英国传统饼干、太妃核桃挞、柠檬罂粟籽饼干：4～5天（完整保存。切分后可保存2～3天）。
•蛋白酥、蛋白小酥饼、松饼：1周。
•其他饼干、酥饼、咸味饼干：2～3周。
•各种脆饼：1个月（焙煎茶红豆脆饼，巧克力西梅脆饼质地比较湿润，只能保存4～5天）。

food mng
FE

フードムード
ごはんのような
おやつのみせ

クッキー
＆
ビスケット
いろいろ
あります。
◯◯◯◯◯

ハニー
ジンジャー

チャイ

黒ごま
スティック

レモンと
ポピー
シード

蜂蜜生姜餅干

燕麦片餅干

紅茶餅干

黑芝麻松餅

味噌咸味餅干

# Part 3 饼干大家庭

下面为大家介绍咸鲜味浓郁的咸味饼干和酥松香脆的脆饼。
这些经过充分烘烤的点心是我的最爱。
小圆松饼、蛋白酥等其实都很容易做，
请将它们也列入家庭烘焙清单中吧。

## 1 海苔咸味饼干

这是一款加入了丰富青海苔的和风饼干。
制作饼干面团时不能过度揉面，这样才
能做出像派皮一样层次分明、口感松脆
的饼干。

原料 （50 块边长 2.5 厘米的正方形饼干）

低筋粉 100 克

青海苔碎 1 大勺

盐 两小撮

菜籽油 2 大勺

水 2 大勺

**⓿ 准备**
· 根据烤盘的尺寸裁剪烤纸。
· 烤箱温度设定为 170℃，预热。

**❶ 制作面团**

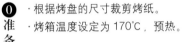

将低筋粉、青海苔碎、盐放入搅拌盆中，用类似淘米的手法拌匀。

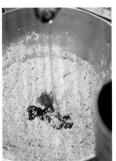

加入菜籽油，用手指把量勺刮干净。

用同样的手法搅拌，使油脂和低筋粉充分混合成鱼肉松状。

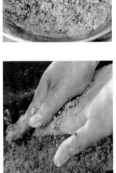

然后用双手手掌把原料搓散，搓细。
＊用手快速搓散原料是烤出酥脆口感的秘诀（大概搓 10 秒，如果操作还不熟练，可以适当延长时间）。

基本混合均匀（没有明显结块即可），画圈倒入水，用手混合。

折叠面团，整理成一团。
＊难以混合成团时，可以加进少许水（用量另计）。

**❷ 整形**

将面团放在烤纸上，用擀面杖擀成厚 4 毫米的面片（近似边长 18 厘米的正方形）。

用刮板横向、纵向分别压出 7 条等分线。

**❸ 烘烤**

用叉子在每个小方格上扎出气孔。将整张烤纸平移到烤盘上，烤箱预热至 170℃，烘烤 30 分钟，表面微微上色即可。

烤好后将烤盘取出，冷却。晾至饼干温热时，沿着刮板的印痕掰开，放在烤盘上直到完全冷却。

69

## 2 土豆迷迭香咸味饼干

这款饼干散发着香草的独特芳香，有一种
西洋风味，非常适合搭配红酒和乳酪，单
独品尝也好吃得让人停不下口。

做法→第 72 页

## 3 味噌咸味饼干

这是一款带有味噌醇香、风味朴
素的咸味饼干，做法和原料都很
简单，推荐搭配奶油乳酪等享用。

做法→第73页

# 2 土豆迷迭香咸味饼干

## 原料（12块长6厘米、宽4厘米的饼干）

低筋粉　100克

迷迭香（干燥）　1/2小勺

盐　两小撮

菜籽油　2大勺

土豆　50克（约1/2个）

## 准备

▶把迷迭香放在研磨器中磨碎或用厨房用纸包起来切碎。

▶土豆去皮，用陶瓷捣蓉器磨成土豆蓉。

▶根据烤盘的尺寸裁剪烤纸。

▶烤箱温度设定为170℃，预热。

## 做法

①将低筋粉、迷迭香、盐放入搅拌盆中，用类似淘米的手法搅拌。加入菜籽油，继续搅拌→然后用双手手掌把原料搓散，搓细→将捣碎的土豆蓉和流出来的土豆汁一起倒入盆中混合。折叠面团，整理成一团。

②将面团放在烤纸上，用擀面杖擀成厚4毫米的面片（长约18厘米、宽约16厘米），借助刮板纵向切成3等份，横向切成4等份，再用叉子在表面均匀地扎出气孔。

＊如果面团比较软，可以将保鲜膜盖在上面擀。

③把整张烤纸平移到烤盘上。烤箱预热至170℃，烘烤约30分钟。烤好后放在烤盘上冷却，晾至饼干温热时，沿着刮板的切痕掰开即可。

用厨房用纸把迷迭香包起来切，迷迭香末不会四处飞弹。

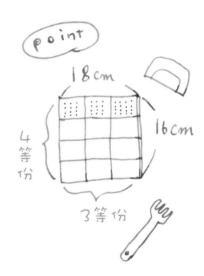

用刮板切分成小块，再用叉子扎出气孔。

# 3 味噌咸味饼干

原料（20 根长 7 厘米、宽 1.5 厘米的饼干）

低筋粉　80 克

全麦粉　20 克

黄蔗糖　1 大勺

菜籽油　2 大勺

味噌　1 小勺

水　$1\frac{1}{2}$ 大勺

## 准备

▶味噌用水化开备用。

▶根据烤盘的尺寸裁剪烤纸。

▶烤箱温度设定为 170℃，预热。

## 做法

①将粉类原料、糖放入搅拌盆中，用类似淘米的手法搅拌。加入菜籽油，继续搅拌→用双手手掌把原料搓散、搓细→加入味噌和水，混合均匀。折叠面团，整理成一团。

＊难以混合成团时，可以加少许水（用量另计）。

②将面团放在烤纸上，擀成厚 4 毫米的面片（近似边长 15 厘米的正方形），用刮板横向切成 2 等份，纵向切成 10 等份，再用叉子在表面均匀地扎出气孔。

③把整张烤纸平移到烤盘上。烤箱预热至 170℃，烘烤 30 分钟左右。烤好的饼干放在烤盘上冷却，晾至饼干温热时，沿着刮板的切痕掰开即可。

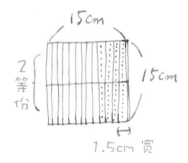

用刮板切成饼干条，再用叉子扎出气孔。

饼干温热时沿着刮板的切痕掰开。

4 椰蓉柠檬蛋白酥

你会从心底感受到蛋白酥入口即化的酥爽口感。这款饼干中加入了丰富的椰蓉和蛋白霜。柠檬淡淡的清香味道凝聚在整块蛋白酥中。

做法→第78页

## 5 花生蛋白小酥饼

这不是蛋白酥，而是用蛋白做的小酥饼，
我小时候经常吃。带着一种怀旧的心情，
我做了这些小甜点。

做法→第 79 页

## 6 蛋香松饼

放入口中瞬间溶化的松饼是一种大家都喜欢的小点心，小朋友们也很爱吃。我还常把它们当作小狗的零食，过几天就烤上一盘。

做法→第 80 页

## 7 黄豆粉黑芝麻松饼

这款松饼个头稍大，吃起来酥酥松松，有一种与众不同的新鲜口感。面团擀好后直接切块即可，整形非常简单。

做法→第 81 页

## 8 草莓松饼

这款松饼中加入了冷冻干燥草莓，融入了草莓的酸甜味道。松饼里面透着一抹粉色，又萌又可爱。

做法→第 81 页

# 4

## 椰蓉柠檬蛋白酥

### 原料 (50块直径2厘米的蛋白酥)

蛋白 (中等大小的鸡蛋) 1个

甜菜糖 30克

低筋粉 20克

椰蓉 50克

柠檬皮碎 需要1个柠檬

### 准备

▶根据烤盘的尺寸裁剪烤纸。

▶烤箱温度设定为120℃，预热。

### 做法

①将蛋白和糖倒入搅拌盆中，用电动打蛋机高速打发，提起打蛋机，蛋白霜富有光泽、纹理清晰即可(八分发)。

②筛入低筋粉，用橡胶刮刀以切拌的方式搅拌。大致看不到干粉时，加入椰蓉、柠檬皮碎，切拌均匀。

③在裱花袋上装一个直径1厘米的圆花裱花嘴，盛入蛋白酥面糊，在烤盘上挤成直径2厘米的圆形，留出适当间距。烤箱预热至120℃，烘烤40分钟。烤好后取出蛋白酥，放在烤盘上冷却。

◎如果没有裱花袋，也可以用勺子整形。蛋白酥容易受潮，请密封保存。

提起打蛋器，
蛋白霜纹理清晰。

在裱花袋上装一个直径1厘米的圆形裱花嘴整形。

直径2厘米

# 5
# 花生蛋白小酥饼

## 原料 （15块直径4厘米的酥饼）

蛋白（中等大小的鸡蛋） 1个

黑糖（粉末型） 30克

低筋粉 20克

花生（每颗切成8小块） 100克

## 准备

▶花生用平底锅小火炒熟、炒香。

▶在烤盘中铺一张烤纸。

▶烤箱温度设定为120℃，预热。

## 做法

①将蛋白和糖倒入搅拌盆中，用电动打蛋机高速打发，提起打蛋机，蛋白霜富有光泽、纹理清晰即可（八分发）。

②筛入低筋粉，用橡胶刮刀以切拌的方式搅拌，大至看不到干粉时，加花生粒，切拌均匀。

③用勺子挖成一口大小的小球，留出适当间距，摆在烤盘上。烤箱预热至120℃，烘烤60分钟。酥饼烤好后取出，放在烤盘上冷却。

◎这款酥饼容易受潮，请密封保存。

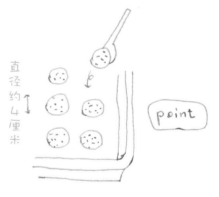

直径约4厘米

point

用勺子挖成一口大小的小球，摆在烤盘上。

花生碎在烘焙食材店等地有售。也可以直接把花生切成粗粒。

# 6

## 蛋香松饼

**原料**（12 块直径 4.5 厘米的松饼）

片栗粉<sup>①</sup> 70 克

黄蔗糖 30 克

蛋黄 1 个

豆浆（原味） 1 小勺

### 准备

▶ 在烤盘上铺一张烤纸。

▶ 烤箱温度设定为 170℃，预热。

---

①猪牙花粉，取自猪牙花地下茎的白色优质淀粉。可用以做菜或汤，现在多用土豆制成，可以用土豆淀粉代替。

### 做法

①将黄蔗糖、蛋黄、豆浆放入搅拌盆中，用橡胶刮刀搅拌至柔滑状态。加入片栗粉，用切拌的方式搅拌。基本混合均匀后，用手掌根部按压面团使所有原料融为一体（面团柔软度近似耳垂即可）。

＊难以混合成团时，可以加少许豆浆。相反，如果面团非常粘手，可以加一点片栗粉（用量另计）。

②将面团搓成粗细适中的棒状，用刮板切成 12 等份，轻轻压成直径约 4 厘米的圆饼。

③留出一定间距，摆在烤盘上。烤箱预热至 170℃，烘烤 15 分钟。出炉后放在烤盘上冷却。

◎片栗粉比面粉吸水速度慢，最初不易与其他原料混合，这时不要立刻加水。

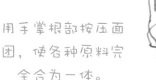

point

＊难以混合成团时，不要立刻加水。立刻加水会使原料变得很黏。

这个部位

用手掌根部按压面团，使各种原料完全合为一体。

**原料**（9 块直径 3.5 厘米的松饼）

片粟粉　50 克

黄豆粉　10 克

熟黑芝麻　1 大勺

黄蔗糖　30 克

蛋黄　1 个

豆浆（原味）　1 小勺

**准备**

▶ 在烤盘上铺一张烤纸。

▶ 烤箱温度设定为 170℃，预热。

**做法**

①将黄蔗糖、蛋黄、豆浆放入搅拌盆中，用橡胶刮刀搅拌至柔滑状态。加入粉类原料和熟黑芝麻，用切拌的方式搅拌。混合均匀后，用手掌根部轻轻按压面团，使其质地均匀、紧实（柔软度与耳垂近似即可）。

\* 难以混合成团时，可以加少许豆浆。相反，如果面团非常粘手，可以加一点片粟粉（用量另计）。

②用擀面杖把面团擀成厚 1 厘米的面片（近似边长 9 厘米的正方形），借助刮板将其横向、纵向分别切成 3 等份。把切好的松饼摆在烤盘上，留出适当间距。烤箱预热至 170℃，烘烤 25 分钟。出炉后放在烤盘上冷却。

point

用刮板切成 9 等份。

→ 留出适当间距，摆在烤盘上，烘烤。

**原料**（30 块直径 2 厘米的松饼）

片粟粉　60 克

冷冻干燥草莓　10 克（1 袋）

黄蔗糖　30 克

蛋黄　1 个

豆浆（原味）　1 小勺

将草莓完整脱水加工而成的冷冻干燥草莓，保持着鲜艳的红色，同时也很好地保留了新鲜的风味。

**准备**

▶ 用食品料理机或研磨器把冷冻干燥草莓磨碎。

▶ 在烤盘上铺一张烤纸。

▶ 烤箱温度设定为 170℃，预热。

**做法**

①将黄蔗糖、蛋黄、豆浆放入搅拌盆中，用橡胶刮刀搅拌至柔滑状态。加入片粟粉和磨碎的草莓，用切拌的方式搅拌。整体混合均匀后，用手掌根部轻轻按压面团，使其质地均匀，紧实（柔软度与耳垂相近即可）。

\* 难以混合成团时，可以加少许豆浆。相反，如果非常粘手，可以加少许片粟粉（用量另计）。

②将面团搓成粗细适中的棒状，切成 30 等份，用手搓圆，留出适当间距，摆在烤盘上。烤箱预热至 170℃，烘烤 15 分钟。出炉后放在烤盘上冷却。

◎片粟粉比普通面粉吸水速度慢，最初不易与其他原料混合，这时不要立刻加水。

## 9 香草杏仁片脆饼

这是一款通过打发全蛋做出的脆饼，做起来有些花时间，但成品入口即化，是我非常喜欢的配方。想要好好感受食材细腻的风味，一定要尝试一下这款散发着香草温柔香气的脆饼。

原料 （约 15 根 11 厘米长的饼干）

低筋粉　120 克

甜菜糖　50 克

鸡蛋（中等大小）　1 个

香草荚　1/2 根

菜籽油　1 大勺

杏仁片　50 克

**0**
准备

· 杏仁片用平底锅小火炒香。

· 根据烤盘的尺寸裁剪烤纸。

· 烤箱温度设定为 180℃，预热。

**❶**
制作面团

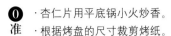

剖开香草荚，取出香草籽，与甜菜糖、鸡蛋一起放入搅拌盆中，用电动打蛋机高速打发。

蛋糕变得黏稠后，试着提起打蛋机，如果蛋糊缓缓流下，质地细腻黏稠，蛋糊落回盆中留下的痕迹慢慢消失，就说明打发到位了。

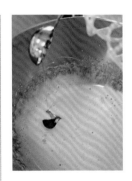

加入菜籽油，用手指把量勺中剩余的油刮干净。

用电动打蛋机低速轻轻搅拌，然后取下打蛋棒，手持打蛋棒画圈搅拌，整理气泡。

筛入低筋粉。

用橡胶刮刀以切拌的方式搅拌。一边轻快地搅拌，一边不时地把搅拌盆转动 45 度。

还有少量干粉未拌均时，加入杏仁片，继续搅拌至看不到干粉。

**❷**
整形

把面团放在烤纸上，手上蘸少许水，整理成 1.5 厘米厚的饼干坯（长 20 厘米、宽 10 厘米）。烤箱预热至 180℃，烘烤 15 分钟。

**❸**
烘烤

烤好后取出饼干坯，放在烤盘上冷却。晾至不烫手时用刀切成宽 1.5 厘米的饼干条。

将饼干切面朝上摆在垫有烤纸的烤盘上。烤箱预热至 150℃，继续烘烤 30 分钟。出炉后放在烤盘上冷却。

## 10 焙煎茶红豆脆饼

我觉得用红茶做甜点似乎太时髦
了，所以总是在无意间选择焙煎
茶。这款饼干随时都可以拿出来
吃，让人感觉踏实又安心。

做法→第 86 页

## 11 抹茶核桃脆饼

这是一款通过打发全蛋做成的脆饼，
你能从中充分感受抹茶的独特风味，
甜度也控制得恰到好处。

做法→第 86 页

## 12 巧克力西梅脆饼

做这款脆饼无须打发蛋液，只要将原料
依次放入搅拌盆中混合即可，绝对是一
款快手脆饼。西梅也可以用杏或无花果
代替。

做法→第 87 页

## 13 咖啡美国山核桃脆饼

我尝试着用香味浓郁的美国山核桃搭配咖啡做
出了这款脆饼。成品口感脆脆的，两种风味鲜
明的原料搭配起来非常完美。

做法→第 87 页

# 10 焙煎茶红豆脆饼

**原料**（约 15 根 11 厘米长的饼干）

低筋粉　100 克

焙煎茶　2 大勺

甜菜糖　40 克

鸡蛋（中等大小）　1 个

菜籽油　1 大勺

蜜红豆　80 克

## 准备

▶ 焙煎茶用研磨器碾碎，备用。

▶ 根据烤盘的尺寸裁剪烤纸。

▶ 烤箱温度设定为 180℃，预热。

## 做法

①将糖、鸡蛋放入搅拌盆中，用电动打蛋机高速打发至黏稠状态。倒入菜籽油，拌匀。加入筛好的低筋粉和茶叶，用橡胶刮刀切拌均匀。加入湿润的蜜红豆，搅拌至没有干粉。

②用刮板盛出面团，放在烤纸上，手上蘸一点水（另计），整理成 1.5 厘米厚的块状饼干坯（长 20 厘米、宽 10 厘米）。烤箱预热至 180℃，烘烤 15 分钟。烤好后取出，放在烤盘上冷却。

③冷却至饼干坯不烫手时用刀切成宽 1.5 厘米的饼干条，切面朝上摆在垫有烤纸的烤盘上。烤箱预热至 150℃，再烤 30 分钟，出炉后放在烤盘上冷却。

制作含有豆类的甜点时，经常用到蜜红豆。北海道产的大纳言红豆加砂糖煮制而成的蜜红豆柔软度适中，使用方便。

历史久远的手工制作的和三盆糖甜味上乘，搭配风味细腻柔和的食材，能够很好地体现出食材的味道。和三盆糖质地非常细腻，用它做出的饼干口感特别酥脆。

# 11 抹茶核桃脆饼

**原料**（约 15 根 11 厘米长的饼干）

低筋粉　100 克

抹茶　1 大勺

和三盆糖（或甜菜糖）　50 克

鸡蛋（中等大小）　1 个

菜籽油　1 大勺

核桃仁（炒熟后切成粗粒）　50 克

## 准备

▶ 根据烤盘的尺寸裁剪烤纸。

▶ 烤箱温度设定为 180℃，预热。

## 做法

①将糖、鸡蛋放入搅拌盆中，用电动打蛋机高速打发至黏稠状态。加入菜籽油，拌匀。筛入低筋粉，用橡胶刮刀切拌均匀。加入核桃仁，搅拌至没有干粉。

②用刮板取出面团，放在烤纸上，手上蘸一点水（另计），将其整理成 1.5 厘米厚的块状饼干坯（长 20 厘米、宽 10 厘米）。烤箱预热至 180℃，烘烤 15 分钟。烤好后取出来放在烤盘上冷却。

③之后的步骤与焙煎茶红豆脆饼做法第三步相同。

原料（约30块5厘米长的饼干）

低筋粉　100克

可可粉　20克

泡打粉　1/3小勺

黄蔗糖　50克

鸡蛋（中等大小）　1个

菜籽油　1大勺

巧克力（切成小块）　70克

西梅（去核，切成小块）　5个

准备

▶根据烤盘的尺寸裁剪烤纸。

▶烤箱温度设定为180℃，预热。

做法

①将黄蔗糖、鸡蛋、菜籽油放入搅拌盆中，用打蛋器混合。筛入粉类原料，用橡胶刮刀切拌。加入巧克力和西梅，搅拌至没有干粉。

②把面团平均分成两份，放在烤纸上，手上蘸一点水（另计），整理成长15厘米、类似海参的形状。烤箱预热至180℃，烘烤15分钟。出炉后放在烤盘上冷却。

③之后的步骤与第86页焙煎茶红豆脆饼做法第3步相同（唯一不同的是要把饼干坯切成宽约1厘米的条）。

point　⟵─15cm─⟶

海参的形状=短粗的棒状

# 12 巧克力西梅脆饼

美国山核桃，又名碧根果，与普通核桃风味相近，但没有涩味，可以切碎加入甜点中。

原料（约30块5厘米长的饼干）

低筋粉　120克

泡打粉　1/3小勺

速溶咖啡（颗粒型）　2大勺

黄蔗糖　50克

鸡蛋（中等大小）　1个

菜籽油　1大勺

美国山核桃　50克

准备

▶美国山核桃用平底锅炒一下，切成粗粒备用。

▶根据烤盘的尺寸裁剪烤纸。

▶烤箱温度设定为180℃，预热。

做法

①将黄蔗糖、鸡蛋、菜籽油放入搅拌盆中，用打蛋器混合。筛入粉类原料和速溶咖啡，换用橡胶刮刀切拌均匀（速溶咖啡未完全溶化也没有关系）。加入美国山核桃，搅拌至没有干粉。

②之后的步骤与巧克力西梅脆饼做法第2～3步相同。

# 13 咖啡美国山核桃脆饼

图书在版编目(CIP)数据

笑脸饼干 / 〔日〕中岛志保著；爱整蛋糕滴欢译.
—海口：南海出版公司，2014.2
(中岛老师的烘焙教室)
ISBN 978-7-5442-6919-3

Ⅰ.①笑… Ⅱ.①中…②爱… Ⅲ.①饼干－制作
Ⅳ.①TS213.2

中国版本图书馆CIP数据核字(2013)第281626号

著作权合同登记号　图字：30-2013-140

MAINICHI TABETAI GOHAN NO YOUNA COOKIE TO BISCUIT NO HON
© SHIHO NAKASHIMA 2009
Originally published in Japan in 2009 by SHUFU-TO-SEIKATSUSHA CO., LTD..
Chinese translation rights arranged through DAIKOUSHA INC., JAPAN.
All Rights Reserved.


笑脸饼干
〔日〕中岛志保 著
爱整蛋糕滴欢 译

出　　版　南海出版公司　　(0898)66568511
　　　　　海口市海秀中路51号星华大厦五楼　　邮编 570206
发　　行　新经典发行有限公司
　　　　　电话(010)68423599　　邮箱 editor@readinglife.com
经　　销　新华书店

责任编辑　秦　薇
装帧设计　段　然
内文制作　博远文化

印　　刷　天津市银博印刷集团有限公司
开　　本　889毫米×940毫米　1/16
印　　张　5.5
字　　数　65千
版　　次　2014年2月第1版
　　　　　2014年12月第2次印刷
书　　号　ISBN 978-7-5442-6919-3
定　　价　36.00元